MÉMOIRE

SUR

LE CAROUBIER

SES PRODUITS ET SON UTILITÉ EN ALGÉRIE

PAR

M. LE DUC D'AYEN.

PARIS,

IMPRIMERIE ET LIBRAIRIE D'AGRICULTURE ET D'HORTICULTURE
DE Mme Ve BOUCHARD-HUZARD,
RUE DE L'ÉPERON, 5.

1873

MÉMOIRE

SUR

LE CAROUBIER.

MÉMOIRE

SUR

LE CAROUBIER

SES PRODUITS ET SON UTILITÉ EN ALGÉRIE

PAR

M. LE DUC D'AYEN.

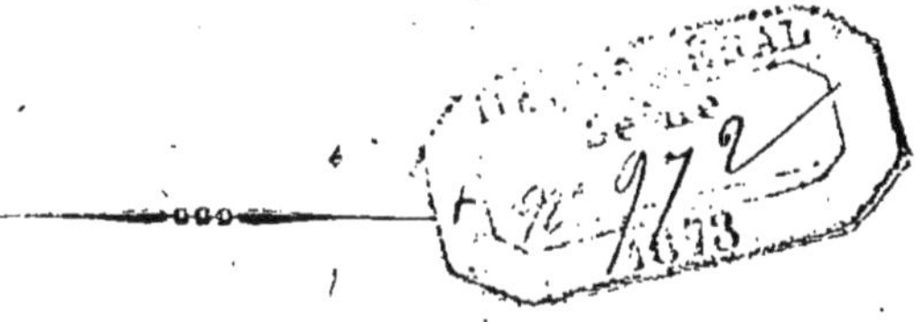

PARIS

IMPRIMERIE ET LIBRAIRIE D'AGRICULTURE ET D'HORTICULTURE
DE Mme Ve BOUCHARD-HUZARD,
RUE DE L'ÉPERON, 5.

1873

RAPPORT

FAIT AU NOM DE LA SECTION DES CULTURES SPÉCIALES DE LA SOCIÉTÉ
CENTALE D'AGRICULTURE DE FRANCE,

PAR M. BOUCHARDAT,

SUR LE

MÉMOIRE SUR LE CAROUBIER

PRÉSENTÉ PAR

M. LE DUC D'AYEN.

M. BOUCHARDAT donne lecture, au nom de la Section des cultures spéciales, du Rapport suivant sur un Mémoire de M. le duc d'Ayen, relatif au Caroubier, à ses produits et à son utilité, principalement en Algérie :

« Le Mémoire qui vous a été adressé par M. le duc d'Ayen traite, avec tous les détails convenables, du *Ceratonia siliqua*, de sa culture, de ses produits, des services qu'il pourrait rendre en Algérie.

« Le Caroubier était connu des anciens ; Galien et Paul d'Egine le mentionnent dans leurs écrits. Ses fruits étaient employés en médecine sous le nom de *Siliquæ dulces*. Le Caroubier donne de très-abondants produits ; c'est surtout à ce point de vue que sa culture présenterait un grand intérêt. Sur l'arbre, les Caroubes ont une odeur peu agréable ; mais, séchés sur des claies, ils entrent, pour une part très-utile, dans l'alimentation des pauvres ; les mulets, les ânes, les autres bestiaux recherchent cette nourriture.

« Ce qui distingue surtout le travail de M. le duc d'Ayen, ce sont des renseignements certains sur les quantités de fruits que chaque pied d'arbre peut fournir annuellement, ainsi que sur la quantité moyenne des Caroubes que chaque animal peut et doit en consommer chaque jour. On peut admettre, dit-il, qu'au bout de douze ans de culture chaque pied de Caroubier pourra fournir, en moyenne, une récolte de 75 kilog. La consommation quotidienne d'un bœuf peut être estimée à 6 kilog. par jour.

« Nous avons l'honneur de vous proposer d'adresser une lettre de remercîments à M. le duc d'Ayen et d'ordonner l'impression de son travail dans le recueil des *Mémoires* de la Société. »

EXTRAIT DU PROCÈS-VERBAL DE LA SÉANCE DU 12 JUIN 1872 DE LA SOCIÉTÉ CENTRALE D'AGRICULTURE DE FRANCE.

MÉMOIRE

sur

LE CAROUBIER,

SES PRODUITS ET SON UTILITÉ EN ALGÉRIE

Par M. le duc D'AYEN (1).

L'Algérie est une contrée où les conditions de culture et de production sont toutes particulières, et peuvent paraître bizarres, au premier abord. Pour y faire de l'essence de Roses, cultivez et distillez du Géranium; pour y élever du bétail, plantez des arbres que la Providence semble avoir préparés tout exprès, afin de suppléer au manque de pâturages que les ardeurs du soleil algérien dessèchent pendant plus de la moitié de l'année. La plante la plus rustique et la plus facile à propager, dans ces latitudes, le Figuier d'Inde ou de Barbarie, *Cactus opuntia*, y fournit une nourriture aqueuse et grasse, dont le bétail est si friand, qu'on a de la peine à la défendre contre l'avidité des animaux qu'elle alimente et rafraîchit à la fois (2).

---

(1) Mémoire dont l'insertion a été ordonnée dans les *Mémoires* de la Société, dans la séance du 12 juin 1872, sur un rapport fait par M. Bouchardat, au nom de la Section des cultures spéciales.

(2) Voir, à la fin du Mémoire, une Note sur le Figuier d'Inde ou de Barbarie.

Le problème de la colonisation est complexe et difficile ; jusqu'ici, à travers de stériles tâtonnements, la vraie marche économique à suivre ne paraît pas trouvée. D'ailleurs, la même méthode d'exploitation ne convient pas à toute l'Algérie, dont le sol présente la configuration et les caractères les plus variés.

Il faut poursuivre la solution du problème colonial par différents moyens. Nous nous bornons à développer, ici, un système qui permettrait d'utiliser, immédiatement, les terres de plaine non irrigables, à l'aide de la plantation du Caroubier, comme base de vastes exploitations pastorales et extensives.

Seulement, nous sommes obligé de reconnaître qu'au début ce système ne saurait être applicable, et largement rémunérateur, que sur de grandes propriétés. A notre avis, la grande, comme la petite propriété, est appelée à rendre de grands services en Algérie.

Qu'on réserve, pour le moment, à la culture intensive et à la petite propriété les terrains qui environnent les centres déjà peuplés et les territoires susceptibles d'irrigation. C'est là le domaine propre de la petite culture et des petits capitaux.

Mais, qu'on se hâte d'établir de grandes propriétés, et la culture pastorale et extensive, dans ces vastes étendues de terres de bonne qualité, mais dépourvues de cours d'eau assez puissants pour fournir à l'irrigation.

Plus tard, à mesure que la population augmentera, ces grands domaines, couverts de riches plantations, se transformeront, selon les besoins, en moyennes et en petites propriétés.

Le problème, actuellement posé à la grande propriété algérienne, est celui-ci : Faire, au début, du Blé et autres produits sans engrais, et du bétail sans bonnes prairies naturelles, sauf, en quelques lieux privilégiés. Si l'on trouve le moyen d'assurer la nourriture du bétail, on résout, du même coup, la première partie du problème. Attachons-nous donc d'abord à créer cette indispensable nourriture.

Nous croyons qu'il est possible d'élever et de nourrir du bétail autant et plus en Algérie qu'ailleurs, et que les grands domaines, pourvus d'eau en quantité suffisante pour abreuver les hommes et les animaux, y sont merveilleusement propres à la formation d'établissements ruraux qui rappellent ces grosses fermes ou haciendas du nouveau Mexique et de la vieille Californie, dans lesquelles les Espagnols avaient su tout combiner pour entretenir d'innombrables troupeaux de bœufs.

Mais, comment nourrir le bétail pendant la moitié de l'année, sur un sol aride et brûlé? Nous l'avons déjà indiqué : en couvrant d'arbres spéciaux toutes les plaines favorables à cette culture arborescente.

L'arbre, par excellence, du bétail est le Caroubier, arbre indigène sur toutes les côtes de la Méditerranée. On en peut tirer un parti excellent pour en faire la base première de l'élève du bétail et, par suite, de la colonisation. La culture du Caroubier doit rendre à l'agriculture algérienne les mêmes services que la Betterave rend à l'agriculture française. Seulement, il faut attendre le résultat pendant de longues années.

Nous n'avons pas la prétention d'avoir fait la découverte de cet arbre connu de toute antiquité; mais il y a lieu de s'étonner de l'abandon complet où il a été laissé par nos colons.

L'enfant prodigue « eût bien voulu se rassasier des *cosses* « (Caroubes?) que les pourceaux mangeaient, mais per- « sonne ne lui en donnait. » (Liv. V, saint Luc, ch. xv, vers. 16.) L'Evangile de saint Matthieu (chap. iii, vers. 4) dit de saint Jean-Baptiste, dans le désert, « que sa nourri- « ture était de *Locusta* (Caroubes ou sauterelles?) et de « miel sauvage (1). »

---

(1) *Locusta*, en latin, signifie à la fois Caroube et sauterelle. En grec

Dans son *Cours d'agriculture*, M. de Gasparin (1) célèbre les avantages du Caroubier, et cite Fisher, dont l'enthousiasme va jusqu'au lyrisme (2) :

« La récolte des Caroubes, dit celui-ci, est toujours pour
« les Valenciens une fête champêtre. Les hommes marchent
« armés de cannes, tandis que les femmes et les enfants
« ramassent les gousses, et poussent des cris d'allégresse.
« Tout auprès, on voit les ânes qui mangent, en silence, ces
« fruits nouveaux. »

Sans donner plus d'importance que de raison au silence des ânes et aux cris de joie des enfants, il est incontestable que, pour les populations espagnoles de Valence et de tout le bassin de la Méditerranée, le Caroube est une inestimable ressource. Les terrains, non irrigables, où on le cultive, s'appellent *secanos*, en Espagne.

Il faudrait citer en entier l'article du cours de M. de Gasparin. On y doit remarquer cependant une lacune capitale pour l'objet qui nous occupe; M. de Gasparin ne donne aucun renseignement certain sur les quantités de fruits que chaque pied d'arbre peut fournir annuellement, non plus que sur la quantité moyenne de Caroubes que chaque animal peut et doit consommer chaque jour. C'est particulièrement à recueillir des données certaines sur cette double question que nous nous sommes attaché dans la correspondance dont nous donnons plus loin les résultats.

Chacun sait que tout le long de la route de la corniche, de Nice à Gênes, les voituriers, pendant les chaleurs, nourrissent leurs chevaux de Caroubes; qu'à Naples, en Sicile, en Sardaigne, les chevaux de bât sont également alimentés

---

Caroube se dit *Keration*. Caroubier se dit en grec *Kerônia*, en allemand *Johannisbrodbaum* (M. Naudin). En anglais le mot *Locust* a les deux sens comme en latin.

(1) T. IV, p. 532.
(2) Fisher, *Description de Valence*, p. 62.

pendant l'été avec le fruit du Caroubier. En Syrie, comme en Espagne, cet arbre rend d'inappréciables services aux populations. Pourquoi n'en serait-il pas de même en Algérie, où, pendant l'affreuse famine de 1868, d'innombrables vies humaines auraient été sauvées, si le pays eût seulement compté autant de Caroubiers que la Normandie compte de Pommiers ? Car, sans être une nourriture de premier choix, le Caroubier et le Figuier d'Inde (1) empêchent, tout au moins, les humains de mourir de faim.

Existe-t-il une cause cachée et inconnue qui arrête la multiplication du Caroubier dans notre colonie ? La rareté ou l'absence complète de cette plante précieuse tiennent-elles seulement à l'aversion presque invincible de l'Arabe pasteur et nomade contre toute espèce de plantations d'arbres ?

C'est aux hommes spéciaux et éminents, qui habitent en grand nombre l'Algérie, à répondre à cette question. Dans ce Mémoire, je ferai mes efforts pour y répondre après avoir d'abord réuni tous les documents que j'ai pu recueillir sur cet arbre.

§ I.

Je donne, en premier lieu, les renseignements qui m'ont été le plus récemment adressés de différents côtés, et qui corroborent pleinement les notes de voyage que j'ai recueillies à ce sujet. On nous pardonnera un certain nombre de redites ; nous n'avons rien voulu changer à la rédaction de nos honorables correspondants.

Voici d'abord ce que M. A. M. Blancho écrivait récemment dans le *Journal de Cannes* :

« Le Caroubier est assez commun en Algérie. Il pousse spontanément dans les ruines, et au milieu des endroits

---

(1) Le fruit du Figuier d'Inde ou de Barbarie possède pourtant, assure-t-on, en Algérie des propriétés astringentes qui le rendent impropre à l'alimentation du colon européen.

pierreux où les Arabes ont déposé les pierres ramassées à la surface de leurs champs pour faciliter leurs labours. Je n'en ai point fait de plantations ; mais j'ai élagué et dirigé quelques-uns de ceux qui se trouvaient près de mon habitation.

« Les Arabes cueillent les Caroubes, et les font manger à leurs chevaux. Mais les sujets sont relativement très-rares et clair-semés, et les arbres mâles, la moitié au moins, ne produisent pas.

« Un arbre de $0^m,10$ de diamètre et de 5 mètres de hauteur peut donner, en moyenne, 10 kilogrammes de Caroubes secs (1). Planté en bon terrain, avec des pierres, seul terrain qui en permette la transplantation, j'estime qu'il faut de sept à huit ans pour qu'il acquière les dimensions ci-dessus.

« On ne le cultive pas dans la province d'Oran ; les bateaux espagnols importent les Caroubes à Oran, à bas prix, 12 fr. les 100 kilogrammes, autant qu'il m'en souvient.

« J'y ai connu un Anglais, chef d'un établissement important, où l'on manipulait l'Alfa pour l'exportation, et qui en était très-content pour la nourriture de ses chevaux et mulets : il leur donnait 2 kilog. de Caroubes par jour, avec 2 kilogrammes d'Orge, et il trouvait une grande économie sur l'Orge, leur nourriture habituelle. Il estimait sa valeur nutritive supérieure à celle de l'Orge. Je ne sache pas qu'il en ait été donné aux bœufs ; mais il me souvient qu'un de mes anciens collègues de Grand-Jouan, voyageant en Angleterre, me dit qu'elle y était utilisée pour terminer l'engraissement des bœufs de concours.

« Ce qui dénote une assez forte consommation de cette gousse dans la province d'Oran, c'est qu'il m'est arrivé,

---

(1) M. de Gasparin indique une moyenne plus élevée, 100 kilog. par arbre, et, exceptionnellement (p. 350, t. IV, *Cours d'agriculture*), 1,380 kilogrammes de fruits sur un seul arbre et en une seule récolte.

maintes fois, de passer près d'un bâtiment situé près de la douane d'Oran, d'où s'échappait une forte odeur, *sui generis*, de Caroubes emmagasinés.

« Si cette importation n'avait pas lieu, il est probable que les colons cultiveraient la variété espagnole, qui est à la variété indigène ce que la Guigne sauvage est à la Cerise cultivée. C'est une simple hypothèse protectionniste que je fais.

« Le Caroubier, comme tous les végétaux spontanés algériens en général, s'élève peu à cause de la sécheresse du climat; il se couronne à 7 ou 8 mètres, et étend sa végétation horizontalement. Les plus gros que j'aie vus couvraient un espace de 8 à 10 mètres de diamètre. Beaucoup de tendance à pousser d'en bas. Il faut les élaguer au pied trois ou quatre fois par an.

« La récolte est variable comme celle des Pommiers; il est rare que deux années abondantes se succèdent. »

M. Félix Robillard, agronome et pépiniériste français, établi à Valence (Espagne), nous a fourni, de son côté, la note suivante sur le Caroubier cultivé comme arbre légumineux sur la côte méditerranéenne de la péninsule ibérique.

« Le Caroubier (*Ceratonia siliqua*, L.) appartient à la famille des Césalpinées de Spach, et à celle des légumineuses de de Candolle. Il croît dans l'Europe australe, en Orient et dans l'Afrique méditerranéenne. C'est un arbre dioïque, c'est-à-dire que chez lui la nature a séparé les sexes. Pour en tirer parti, il faut greffer le mâle sur un sujet femelle, dès que l'on a reconnu l'espèce qui convient au sol que l'on veut cultiver, ou bien il faut que, dans la culture, les arbres mâles soient mélangés avec les femelles. Mais ce dernier mode est le moins favorable à l'obtention de bons produits. Il vaut beaucoup mieux recourir à la greffe d'écusson à œil *poussant*, qui réussit très-bien. On improvise ainsi sur l'arbre femelle une *branche mâle*.

« Il prospère dans les terrains calcaires ou crétacés, lors

même qu'ils sont très pierreux; si la culture en est soignée, sa croissance est rapide. Il en est de cette plante comme de toutes celles dont on veut obtenir un prompt résultat, il faut lui fournir des éléments nutritifs suffisants. Les plantations doivent être précédées d'un défoncement du sol ou de creusement de grands trous; et, s'il est possible, y joindre des fumures enterrées.

« L'emploi de la culture intensive, en ce qu'elle a d'applicable au Caroubier, récompenserait largement la dépense et devrait être préféré par ceux qui sont désireux d'obtenir une rémunération fructueuse et rapide de leur débours.

« On choisit généralement, pour les plantations de Caroubiers, des terrains abandonnés, remplis de broussailles, que l'on soumet à un défoncement dans lequel on enterre non-seulement les broussailles du terrain défoncé, mais aussi toutes celles que l'on peut recueillir dans les environs.

« L'importance de cet arbre, comme produit, est considérable dans toutes les régions méditerranéennes, en prenant l'Èbre pour limite extrême nord de sa culture, laquelle réussit jusqu'à l'altitude de 200 mètres au-dessus du niveau de la mer, et peut se rapprocher des bords de celle-ci jusqu'à 500 mètres, pourvu, toutefois, que le sol soit élevé d'au moins 10 mètres. — Le Caroubier mérite d'être l'objet de l'attention particulière des agronomes et colons du littoral algérien.

« 1re QUESTION. — *Combien un pied de Caroubier produit-il, en moyenne, annuellement, de litres ou de kilogrammes de fruits, pulpe et graines comprises?*

« RÉPONSE. — Le produit du Caroubier varie naturellement selon l'âge de l'arbre. Il acquiert, dans ce pays, des proportions considérables, égales, comme étendue, à celles des Noyers de la France, et il peut durer plusieurs siècles.

« L'arbre abandonné à lui-même produit, à l'âge de dix à douze ans, 25 kilogrammes de fruit; à cent ans, il en donne

120 kilogrammes; mais, soumis à des soins intelligents, il peut donner le double de ces quantités. Dans la première de ces conditions, il fournit une moyenne de 75 kilogrammes qui, également en moyenne, valent, à raison de 0,08 cent. le kilogr., 6 fr., produit moyen par arbre. Cette évaluation est la plus faible; il y a dans ce pays beaucoup de gros arbres qui, pendant deux années successives, ont produit jusqu'à 6 et 700 kilogrammes chaque année.

« 2ᵉ QUESTION. — *Le bétail, et principalement les bœufs et les vaches, peuvent-ils être nourris temporairement par cette nature de fruits; dans le cas de l'affirmative, combien de litres ou de kilogrammes sont nécessaires par jour à la nourriture d'un bœuf ou d'une vache?*

« RÉPONSE. — Le fruit du Caroubier est essentiellement nutritif et agrée à tous les mammifères frugivores, surtout aux espèces chevaline, bovine, ovine, porcine, etc. Les rongeurs, comme lapins, rats, souris, en sont très-avides.

« Comme fourrage ou nourriture propre à l'engrais des animaux, il est parfait pour les porcs, les moutons et les vaches. Il a l'avantage d'engraisser sans produire la masse de suif que procurent les grains et les racines employés pour cet objet. L'usage de ce fruit donne aux animaux une chair très-ferme d'une bonne saveur, entremêlée de graisse bien répartie. Le déchet ou partie du fruit qui n'est pas broyée par la dent des animaux, qui, dans ce cas seulement, ne le digèrent pas et n'en sont pas alimentés, n'est que d'un vingtième.

« Le fruit du Caroubier, s'il peut être employé utilement comme base de l'alimentation du bétail, ne doit pas lui être donné seul; il faut y joindre la paille, le foin, la Luzerne sèche ou verte. — Pour un cheval dont la ration journalière est de 8 à 9 litres d'Avoine, il faut 6 à 7 kilogr. de Caroubes en 2 ou 3 fois, selon le service qu'il fait; coût :

50 à 55 centimes par jour. Pour les autres animaux, bœufs et moutons, la ration varie selon leur force ou suivant qu'il s'agit de leur entretien ou de leur engraissement, en y ajoutant, comme pour les chevaux, de la paille, de l'herbe verte, des racines, Choux, dragées, Luzerne, etc. — Les porcs s'arrangent de cette nourriture presque seule, en y joignant une petite quantité de racines ou de végétaux verts.

« Partout où croît le Caroubier, on peut se procurer les aliments verts accessoires, surtout si l'on se trouve à portée de cultures réglées qui n'existent pas ici. — Ainsi, dans les régions où croît le Caroubier, on peut obtenir également les Rutabagas, les Carottes noires, les Choux vache connus, les Colzas, les Fèves de marais et bien d'autres végétaux qui y croissent durant l'hiver.

« Dans cette partie de l'Espagne, le fruit du Caroubier est la base principale de l'alimentation de chevaux et autres bestiaux. Toutefois, on croit avoir observé que l'usage continu et presque exclusif de ce fruit finit par altérer les dents des animaux ; ce qui serait une conséquence naturelle des propriétés essentiellement saccharines du Caroube. Cet inconvénient, qui ne se manifesterait chez les chevaux qu'à partir de la dixième année, ne serait d'aucune importance pour les animaux destinés à la boucherie.

« Le fruit du Caroubier peut encore, en raison de la quantité de sucre qu'il contient, fournir aux distilleries d'alcool un élément considérable de travail. Lorsque, il y a quelques années, l'oïdium exerça ses ravages sur les vignobles de ce pays, la fabrication de l'alcool de Caroubes prit un grand développement ; mais cette industrie dut disparaître en même temps que la pénurie des vins qui en avait motivé la création. Peut-être cette disparition a-t-elle été le résultat de l'installation défectueuse des appareils distillatoires établis à la hâte et sans les connaissances préliminaires suffisantes. Aussi quelques personnes émettent-elles l'opinion qu'en dépit du bas prix auquel le vin est descendu, durant ces dernières années, une distillation intelligente du Caroube et sa réduction en alcool seraient rémunératrices pour le propriétaire.—L'eau-de-vie de Caroube est, d'ailleurs, très-supérieure, comme qualité, aux produits similaires tirés des grains et de la Betterave. »

M. le duc de Vallambrosa nous a aussi communiqué une note très-intéressante sur la reproduction du Caroubier, que l'on multiplie de semis faits en place ou en pépinière :

« *Semis en place.* — Les semis en place se font au printemps, du mois de mars en mai, quand la terre est assez chaude pour faciliter la levée dés graines; soit que l'on établisse une plantation en ligne ou un reboisement sur une grande surface, la distance entre chaque plant varie comme pour l'Olivier, selon la nature du sol, de 6 à 10 et même de 20 mètres.

« On établit le semis en place sur une surface de 1 mètre carré, dont le terrain aura été défoncé, autant que possible, à $0^m,80$ ou 1 mètre de profondeur, ameubli et amélioré par de l'engrais. On sème sur chaque surface quinze à vingt graines, qu'on recouvre de $0^m,02$ à $0^m,03$ de terre meuble. Le semis étant fait, on recouvre le terrain de branchages ou de broussailles pour le protéger du soleil.

« Les graines s'altérant à l'air ne devront être retirées des gousses qu'au moment du semis : on devra les faire tremper quatre ou cinq jours dans de l'eau pour les faire gonfler et faciliter leur germination, qui s'opérerait difficilement, la graine étant très-dure.

« Les soins de culture de la première année consistent à sarcler le semis, à l'arroser si on a de l'eau, et à préserver le plant de la dent des troupeaux.

« La deuxième année, c'est-à-dire un an après le semis, on détruit une partie du plant pour ne conserver que deux ou trois pieds par trou. Les soins de culture sont les mêmes que pour la première année.

2

« Troisième année. Si le plant est assez fort, on le greffe en écusson au mois d'octobre.

« Le Caroubier étant dioïque comme le dattier, on porte sur chaque sujet deux greffes, une de mâle et une de femelle, pour qu'ils se fécondent naturellement.

« Dans les localités où l'on cultive le Caroubier, la culture a amélioré des variétés très-distinctes par leur fertilité et la qualité de leurs produits. Ces variétés ne se reproduisant pas par semences avec leurs qualités, on les propage par la greffe.

« La différence de production du Caroubier franc au Caroubier greffé est la même que celle de l'Oranger franc ou sauvageon à l'Oranger greffé.

« *Semis en pépinière.* — Les semis en pépinière se font sur un terrain bien ameubli et irrigué.

« La deuxième année, on repique le plant à 40 ou 50 centimètres de distance en rayons arrosés en été, pour le greffer dès qu'il est assez fort.

« Le Caroubier ne produisant pour racines qu'un pivot sans radicelles (ou chevelu), sa déplantation devient difficile quand il a atteint 5 à 6 ans.

« Règle générale. On ne doit planter le Caroubier en plant de pépinière que levé en motte ou élevé en pots, et lorsqu'il doit être cultivé par irrigation.

« Dans le cas contraire, le semis en place est préférable.

« A Nice, Villefranche, Menton et sur la côte d'Italie, les Caroubiers sont semés en place, et les plants greffés dès qu'ils sont assez forts.

« Après 4 ou 5 ans de greffe, le Caroubier commence à donner des fruits, c'est-à-dire 8 à 10 ans après le semis.

« Un Caroubier de 15 à 20 ans peut produire 100 kilogrammes de Caroubes évalués à 6 ou 8 fr.

« Un fort Caroubier, arbre de 50 ans, peut produire 1,000 à 1,500 kilogrammes de Caroubes.

« Les Caroubes valent en ce moment, chez les grèneliers,

12 à 15 fr. les 100 kilogrammes, mais ils ne sont payés au cultivateur que 6 à 8 fr.

« La culture du Caroubier est la même que celle de l'Olivier.

« Les lois agraires en usage dans le comté de Nice et sur la côte d'Italie obligent les fermiers ou les colons partiaires à donner au Caroubier les mêmes soins qu'à l'Olivier, taille, labour et fumure pour les jeunes sujets ; taille et labour pour les vieux pieds.

« Le Caroubier abandonné à lui-même, sans culture, se couvre de bois morts qui nourrissent des insectes qui le font périr.

« A Nice et à Menton, le rendement moyen d'un Caroubier est évalué à 100 kilogrammes.

« Le Caroubier produit tous les ans ; il ne craint que les gelées tardives qui détruisent sa fleur.

« Le revenu du Caroubier est plus assuré que celui de l'Olivier ; il est moins exposé que ce dernier aux influences atmosphériques.

« Le Caroubier et le Chêne-liége sont les plantations les plus rustiques qui donnent les revenus les plus assurés, là où l'on peut les établir.

« Les pépinières de Gênes et d'Alger vendent les plants de Caroubier 2 fr. pièce.

« Les Caroubes ont été vendus 6 à 8 fr. les 100 kilog. cet hiver, sur le marché d'Ajaccio. »

Dans la note suivante, M. le prince Cariati répond à quatre questions importantes sur l'emploi des fruits du Caroubier dans l'alimentation du bétail :

« 1° *Peut-on nourrir les bœufs et les vaches avec le fruit du Caroubier ?* — Les bœufs et les vaches peuvent parfaitement être nourris avec le fruit du Caroubier, surtout dans les régions méridionales où manquent l'herbe et le foin, qui sont la base de leur alimentation; ce fruit, mélangé de son, se donne aussi aux chevaux.

« 2° *Le lait des vaches est-il altéré par cette nourriture?* — Je ne crois pas que cette nourriture altère le lait des vaches, mais elle pourrait lui communiquer un goût douceâtre, analogue à celui du miel, ce qui rendrait le fromage de qualité inférieure. Rappelez-vous qu'à Policodro (1) la différence des pâturages amène une différence entre les fromages de la montagne et ceux de la plaine.

« 3° *Quelle quantité peut-on en donner par jour ?* —Pour chaque bœuf ou chaque vache 5 kilog. par jour sont suffisants.

« 4° *Ce fruit doit-il être mêlé avec un autre fourrage ou peut-on le donner seul?* — Comme ici, dans la terre de labour nous n'avons pas l'habitude de nourrir nos bêtes à cornes avec le fruit du Caroubier, je ne puis vous renseigner à ce sujet. Je sais que, pour le donner aux chevaux, on le mélange avec du son. »

Dans une lettre écrite, le 16 février 1870, à M. le prince Cariati, M. le baron Barracco donne quelques détails sur la culture du Caroubier dans l'Italie méridionale.

« La Pouille, et surtout la Sicile, produisent beaucoup de Caroubiers. C'est évidemment une question de climat.

« Jusqu'à présent, que je sache, on ne fait pas de ce fruit un usage sûr, continu pour l'alimentation des espèces bovines, parce que les vaches sont rares dans ces contrées : c'est la seule raison, car on s'en trouve bien pour les espèces congénères. J'ajouterai même qu'en Sicile l'homme en mange et ne s'en trouve pas trop mal. La quantité de sucre contenue dans ce fruit est telle, qu'on peut, sans crainte de se tromper, le recommander pour la production du lait. Je sais, pourtant, qu'on n'en abuse pas; on craint qu'il ne

---

(1) Basilicate.

soit trop échauffant, et pour cette raison on le mêle avec du son. N'oubliez pas ce détail.

« On sème le pepin ou noyau de Caroube dans un grand pot, et au bout de l'année on plante en pleine terre avec la même motte.

« La distance entre un plant et l'autre devra être de 40 pans, environ 12 mètres. A Raguse, à Modico, etc., on sème le Caroubier en hiver, et on s'en sert pour nourrir les espèces bovines. A Carini, Cinesi, Savarotta, les hommes eux-mêmes en mangent.

« Quelques industriels en tirent de l'alcool.

« Plusieurs auteurs parlent du Caroubier comme d'une plante de serre, mais ce détail n'a pour nous aucune importance. Il ne faut pas oublier cependant que cette plante ne supportant pas la transplantation, on doit en faire germer la semence en pot. Après quoi, la transplantation est possible. »

§ II.

D'après les notes qui précèdent, on peut admettre, sans exagération, qu'au bout de 12 ou 15 ans de culture chaque pied de Caroubier pourra fournir, en moyenne, une récolte minimum annuelle de 75 kilogrammes (à Nice et à Menton la récolte annuelle est estimée à 100 kilogr.).

La consommation quotidienne d'un bœuf peut être estimée, d'après les renseignements ci-joints, à 6 kilogrammes par jour et par an, à 2,190 kilogrammes, soit 2,200 kilogrammes en nombre rond. Il est bon de ne pas oublier que la race des bœufs algériens est extrêmement petite et réclame infiniment moins de nourriture que nos grandes races européennes.

Combien faut-il de pieds d'arbres pour fournir annuellement ces 2,190 kilogrammes ?

Il faut trente arbres donnant chacun 75 kilog. de fruits, ce qui fournit un total de 2,250 kilog.

En plantant les Caroubiers à 15 mètres l'un de l'autre, l'hectare contiendra 44 pieds d'arbres qui pourraient fournir la moitié de la nourriture du gros bétail, même, s'il était possible, d'entretenir une tête par chaque hectare. Et il y aurait encore un surplus de produit de quatorze arbres, puisque, d'après les calculs, trente arbres suffiraient à la moitié de l'entretien d'un bœuf ou d'une vache. Mais il faut nécessairement borner ses prétentions à l'élevage d'une tête de gros bétail par 2 hectares; ce qui donnerait un surplus de produit de vingt-neuf arbres par hectare (1). Gardons-nous d'oublier, en effet, que le Caroube ne peut fournir que la moitié de l'alimentation des bêtes à cornes, et que le sol du domaine doit fournir, par des productions diverses, l'autre demi-ration quotidienne des animaux.

Or il est évident que les récoltes annuelles de l'Algérie ne pourront de longtemps fournir les quantités de nourriture complémentaires qu'il faudrait trouver pour arriver à l'entretien de plus d'une bête à cornes par 2 hectares.

Bornons-nous donc à fixer le nombre des bœufs entretenus par notre système à une tête par 2 hectares; ce serait déjà un magnifique résultat, si l'on parvenait à l'atteindre.

D'ailleurs, le surplus des récoltes de Caroubes pourra toujours être vendu sur le marché, ou utilement employé pour l'élevage et l'engraissement de cochons et moutons en plus ou moins grand nombre.

Ces prémisses étant posées, voici comment nous proposons d'établir l'organisation de la grande propriété extensive et pastorale en Algérie.

Mais il ne faut pas marchander les espaces, si l'on veut

---

(1) Le calcul par arbres, nécessaire à établir, ne serait rigoureux que dans le cas où l'on compterait une tête de bétail par 2 hectares plantés, soit 600 têtes sur 1,200 hect. — Le manque de concordance exacte que l'on peut remarquer entre le calcul ci-dessus et les calculs suivants tient à ce que nous avons supposé 700 têtes de bétail sur un domaine de 1,400 hectares dont 1,200 seulement seraient plantés en Caroubiers.

arriver à un bon résultat. Que l'on veuille bien se rappeler que, loin des centres peuplés, les concessions et ventes se font en Amérique et en Australie par lots, dont l'étendue pourrait se mesurer par kilomètres carrés et à des prix minimes. Faisons de même si nous voulons réussir.

Supposons donc qu'un colon ou une association quelconque achètent ou obtiennent une concession de 1,400 hectares. Ces 1,400 hectares seront divisés ainsi : 100 hectares pour les habitations, chemins, clôtures, jardins potagers, terrains perdus; 100 hectares pour un bois fournissant une part de combustible pour les ménages, en outre du bois mort et des élagages des Caroubiers; restent 1,200 hectares qui seront tous plantés en Caroubiers entre lesquels le sol sera tantôt cultivé à la charrue, tantôt consacré au pâturage. Le domaine sera divisé en vingt-quatre champs clos, de 50 hectares chacun, afin de destiner, chaque année, deux champs à la même culture aux deux extrémités différentes de la propriété, de façon qu'un désastre quelconque, tel qu'orages ou incendie, ne vienne pas tout perdre d'un seul coup. Ces champs de 50 hectares pourront, par la suite, former chacun une métairie ou petite propriété détachée.

L'assolement sera conduit par 100 hectares à la fois, ainsi qu'il suit. Mais, auparavant, il faut s'occuper des clôtures, qui sont de la plus haute importance pour l'éducation du bétail.

Différents essais ont été faits pour créer des haies vives destinées à enclore les champs et à enfermer le bétail. Mais aucune de ces expériences n'a complétement réussi.

L'Eucalyptus tressé et taillé, le Triacanthos ou quelque autre plante épineuse seraient-ils propres à cet usage? nous l'ignorons.

Le Figuier de Barbarie formerait de très-bonnes clôtures; mais les animaux le mangent avec une avidité telle, qu'on doit renoncer à l'employer pour enfermer les bestiaux.

Il faudrait donc cultiver ou plutôt laisser croître cette

plante dans des enclos spéciaux, et y consacrer toutes les plus mauvaises terres du domaine, dans l'intérêt de l'élevage au point de vue spécial de la nourriture du bétail, précisément pendant les grandes chaleurs de l'été, de juillet à novembre.

Cette plante, en quelque sorte parasite et universelle, est parfaitement vulgaire et connue en Algérie ; seulement on néglige absolument d'en tirer parti, car l'on s'acharne à cultiver les plaines de l'Afrique comme celles de la Beauce ou de la Brie, ou bien, au contraire, on s'efforce d'y introduire à grands frais les cultures coloniales des Antilles ou des Indes.

L'Algérie exige une culture méditerranéenne simple, peu coûteuse, rationnelle et spéciale ; tant qu'on ne l'aura pas découverte, définie et expérimentée, la colonie végétera dans une atonie onéreuse pour la mère patrie et pour les colons découragés. La présente proposition contribuera-t-elle à donner un nouvel essor à la colonisation, nous l'espérons ; mais il faut, auparavant, que la théorie soit appuyée sur des faits ; encore une fois, c'est aux hommes compétents à prononcer.

Nous supposons donc chaque carré de 50 hectares entouré de clôtures quelconques.

Le domaine une fois ainsi divisé, voici comment on procéderait, en suivant en partie le mode de culture des Arabes indigènes ; car nous ne pouvons faire dans les grands domaines, pour commencer, que de la culture extensive, sans engrais et à bon marché.

Les indigènes ne sèment du Blé que tous les huit ou neuf ans sur les mêmes terres ; imitons-les au début de l'opération.

La première année, on défriche tant bien que mal 100 hectares semés en Blé et 100 hectares plantés en Sorgho, Maïs, ou quelque plante analogue, pour nourrir de suite quelques têtes de bétail.

La seconde année, on défriche de même 100 nouveaux

hectares semés en Blé, et l'on cultive le Sorgho dans les
100 hectares de Blé de l'année précédente; puis, après la
double récolte de Blé et de Sorgho, l'on sème du Brome de
Shrader, des fourrages et légumineuses indigènes mélangés
qui devront durer neuf ou dix ans.

De même, on clôturera et l'on plantera de Caroubiers
100 hectares de terres chaque année, sauf la première année, où l'on devra préparer 200 hectares. En douze ans, les
1,200 hectares du domaine seront enclos et plantés,
et le troupeau pourra déjà arriver à donner quelque profit.

A la seconde révolution, les dépenses de clôture et de
plantation étant nulles, et la moitié des plantations de Caroubiers donnant déjà du fruit, on pourra augmenter le
troupeau, disposer de quelques engrais, et soigner la culture
des céréales et du Sorgho, et surtout bien nettoyer les terres
de toutes les plantes parasites nuisibles. A la fin de la seconde révolution, si nos calculs sont exacts, le domaine de
1,200 hectares clos et plantés doit nourrir, sans compter un
certain nombre de porcs et de moutons, sept cents bœufs ou
vaches, alimentés ainsi qu'il suit :

Chaque jour, pendant toute l'année, chaque animal con-
somme une ration de 6 kilogrammes de Caroubes, auxquels
s'ajoute, pendant quatre mois de printemps et d'automne,
le pâturage libre; la ration supplémentaire se composera,
pendant les quatre mois des grandes chaleurs de l'été, de
deux bottes et demie de fourrages secs mêlés auxquels
s'ajouteraient les produits du Figuier de l'Inde; les animaux restent toute l'année dehors et n'entrent jamais à
l'étable.

Pendant quatre mois d'hivernage les animaux consom-
meraient deux bottes et demie de fourrages secs ajoutés à la
ration quotidienne de Caroubes. Ainsi les animaux, pendant
les douze mois de l'année, seraient nourris sur place, sans
être obligés d'émigrer deux fois par an, comme le font aujourd'hui les tribus nomades qui y sont forcées par l'état
actuel du pays.

Le climat permet de laisser les animaux dehors toute l'année ; il n'y a donc aucune dépense à faire pour la construction d'étables, sauf un abri pour les très-jeunes animaux et les malades. Les récoltes de fourrage pourront être mises en meules comme en Angleterre ; il n'y a donc pas de greniers ou hangars à bâtir. Il faudrait seulement établir un certain nombre de râteliers couverts ou découverts placés dans les champs, pour la distribution quotidienne du fourrage sec et des Caroubes.

Nous ne voulons point faire ici un tableau ou un programme de la culture algérienne ; nous cherchons, au contraire, à circonscrire la question dans les plus étroites limites.

Le tableau qui suit indique seulement les produits fournis au bout de vingt-cinq ans par le domaine, en Blé, en bétail et en Caroubes vendus annuellement, c'est-à-dire ce qui représente à nos yeux la rente naturelle du sol, et non le revenu qu'une exploitation intelligente pourrait en tirer.

Tableau approximatif des produits partiels d'un domaine de 1,400 hectares plantés de Caroubiers, après vingt-cinq ans de culture (recette brute).

Blé, 200 hectares par an, à 12 hectolitres par hectare, soit 2,400 hectolitres sur lesquels 3 hectolitres étant prélevés par tête pour la nourriture de 50 personnes composant le personnel, ou 150 hectolitres, reste à vendre, au marché, 2,250 hectolitres, à 15 francs, ci.. . . . . 33,750 fr.

Vente annuelle du cinquième du troupeau de 700 têtes, soit 140 bêtes vendues 120 francs chaque. 16,800

Vente du surplus de la récolte annuelle des Caroubes non consommés, à 6 fr. les 100 kilogrammes (1). . . . 145,620

Pour mémoire, vente de récoltes et produits divers. . . . »

Total. . . . . 196,170 fr.

---

(1) En 1869, à Oran, les Caroubes se sont vendus 12 fr. les 100 kilog.; à Nice et à Monaco, 8 fr. les 100 kilog.

*Tableau des dépenses premières, non compris les dépenses annuelles
de la culture et de l'exploitation.*

Acquisition, 1,400 hectares, à 40 fr. l'hectare.	56,000 fr.
Bâtiments.	200,000
Défrichement, à 150 fr. l'hectare (1).	210,000
Plantation et binage des Caroubiers, à 5 fr. par arbre, à 44 arbres par hectare, sur 1,200 hectares ou 52,800 arbres..	264,000
(Par an, plantation de 100 hectares à 4,400 arbres, coûte, à 5 fr. par arbre, 22,000 fr.)	
Plantation de clôtures.	30,000
Divers.	40,000
Total des dépenses à faire dans les douze premières années.	800,000 fr.

Pour se rendre compte du détail exact des frais de plantation et de culture du Caroubier, on n'a qu'à leur appliquer le compte des frais de la culture de l'Olivier, si, comme dans le midi de la France, les soins à donner aux Caroubiers et aux Oliviers sont à peu près identiques.

Le cours de M. de Gasparin donne ce compte détaillé à l'article Olivier (t. IV).

Quant aux bénéfices réels de l'exploitation, ils seraient naturellement très-inférieurs au montant des recettes brutes que nous avons donné. L'appréciation de la recette exacte rentre dans les questions spéciales de la pratique agricole que nous n'avons pas qualité pour traiter. Toutefois ces chiffres nous paraissent indiquer assez que le capital agricole pourrait facilement en Algérie être placé à un très-haut intérêt.

Si maintenant l'on réduit en argent les recettes brutes de l'hectare planté de Caroubiers, en ne tenant compte que du produit des Caroubiers et en négligeant toutes les autres sources de revenu, on trouve que chaque hectare planté de

---

(1) Dans les terrains infestés de Palmiers nains il faut compter 300 fr. l'hectare pour premier défrichement.

Caroubiers, à 44 arbres par hectare et à 75 kilogr. de Caroubes par arbre (récolte annuelle, valant, au plus bas cours actuel, 6 fr. les 100 kilogr., soit 4 fr. par arbre), donne 176 fr. de revenu annuel, soit 176,000 fr. pour un domaine de 1,000 hectares complétement planté.

Il faudrait être bien peu habile ou peu chanceux pour ne pas pouvoir récolter, en moyenne et l'un dans l'autre, 350 bottes de fourrages divers par hectare, à l'aide de pailles, foins, Trèfles, Bromes, Maïs, Sorgho et autres plantes, de manière à assurer une demi-ration de fourrage aux animaux pendant huit mois à raison de deux bottes et demie par jour.

Tableau des produits en nature nécessaires et possibles à obtenir, pour l'entretien d'un bœuf par 2 hectares.

Quantité de fourrages nécessaire aux animaux pendant huit mois, soit 240 jours ou, pour 700 têtes, à une tête par 2 hectares. . . . . . 420,000 bottes.
1,200 hectares, produisant 350 bottes à l'hectare, donnent. 420,000

Les récoltes en fourrage fourniront donc une demi-ration de nourriture aux animaux pendant 8 mois.

Le pâturage fournira une demi-ration quotidienne pendant 4 mois de printemps et d'automne, sans compter la ressource des raquettes et des fruits du Figuier d'Inde comptés pour mémoire parce que nous ne saurions en évaluer la production.

Les Caroubes fourniront pendant les douze mois de l'année une demi-ration quotidienne de 5 ou 6 kilogrammes.

Tableau des quantités de Caroubes nécessaires pour l'alimentation des bêtes à cornes.

Une demi-ration de 6 kilogrammes par jour, pendant 12 mois, à 700 bêtes à cornes. . . . . . . 1,533,000 kilog.
Surplus de Caroubes (soit pour la vente, soit pour l'alimentation des bêtes ovines et porcines), à raison de 75 kilog. (récolte moyenne par arbre) et de 44 arbres à l'hectare. Pour les 1,200 hectares. . . . . 2,427,000 kilog.

Ainsi se trouverait résolu le problème de la culture pastorale, et, dans le cas où le régime alimentaire indiqué ne serait pas reconnu nuisible à la santé des animaux, l'Algérie pourrait nourrir une tête de gros bétail par 2 hectares, tandis que l'Angleterre n'en nourrit

<pre>
Qu'une tête sur. . . . .   3 hectares.
L'Écosse, 1 tête sur.   8   —
L'Irlande, 1 tête sur.   4   —
La France (1), 1 tête sur.   5   —
La Bretagne (2), petite race, près d'une
    tête sur. . . . .   2 , —
</pre>

Nous avons indiqué du premier coup les résultats supposés acquis après 25 ans d'exploitation. Il fallait montrer tout de suite le but à atteindre et les procédés à employer.

Maintenant il faudrait, pour compléter le travail, établir un décompte rétrospectif qui donnât le détail des sacrifices, des travaux, des recettes et des dépenses à faire pendant ces vingt-cinq années, et présenter un tableau décroissant des produits à partir du maximum atteint au bout de vingt-cinq ans, jusqu'au point de départ zéro des premières et difficiles années d'installation.

Un tel examen nous entraînerait trop loin, et nous forcerait à dépasser les limites d'un simple rapport. Qu'il nous suffise de résumer la situation ainsi en estimant les recettes produites au minimum. Dès les premiers jours on trouvera bien moyen, par la vaine pâture sur 1,000 hectares non défrichés, d'entretenir quelques vaches, quelques porcs et moutons pour la consommation des colons.

Dès la seconde année, et pendant la première révolution de douze ans, l'on pourra aussi toujours récolter annuellement, sur 100 hectares défrichés et plantés chaque année, 8 hectolitres de Blé à l'hectare, qui donneront pour la vente, défalcation faite de la consommation à 3 hectolitres par tête

---

(1) M. de Lavergne, *Essai d'économie rurale en Angleterre*, p. 33.
(2) M. de Lavergne, *L'agriculture et la population*, p. 20.

pour dix familles d'ouvriers européens de cinq personnes chacune, 650 hectolitres à 15 francs, soit 9,750 francs de recette brute annuelle.

Au bout de cinq ou six ans, un commencement de récolte de Caroubes et de Figues d'Inde, et les fourrages recueillis sur les 5 ou 600 hectares défrichés pendant les années précédentes, permettront d'entretenir un troupeau composé d'un certain nombre de têtes.

Pendant la seconde révolution, à partir de la treizième année, la récolte du Blé pourra au moins doubler et donner 20 ou 30,000 francs de recette brute; et le troupeau pendant ce temps augmente en nombre, les engrais deviennent abondants; et nous croyons pouvoir avancer que, dès la dix-septième ou la dix-huitième année, le domaine pourra rapporter plus de la moitié de la rente indiquée au tableau des produits bruts de la vingt-cinquième année, c'est-à-dire 98,085 fr.

Les résultats sont satisfaisants, mais il n'en reste pas moins vrai que les débuts seront toujours difficiles, et que le colon doit s'armer de courage, de patience et de persévérance pour arriver au succès et à la fortune.

Nous n'avons point les connaissances agricoles spéciales pour pouvoir entrer dans plus de détails. Mais nous osons espérer que l'esquisse ou avant-projet que nous venons de développer suffit à confirmer la proposition que nous avons voulu établir; c'est-à-dire que, pourvu qu'il y ait assez d'eau pour abreuver les animaux, on peut en Algérie créer une riche culture pastorale, sans avances énormes de capitaux, en ajoutant à la culture ordinaire les ressources des plantes indigènes rustiques et communes du pays; c'est là l'avantage inappréciable de la culture du Caroubier et du Figuier d'Inde, qui ne craignent ni la sécheresse, ni les pluies, ni les sauterelles; si nous ne nous trompons point, les Caroubes peuvent, d'ailleurs, se conserver dans les magasins ou dans les silos, mais nous ignorons combien de temps. Il est donc facile de nourrir une tête de gros bétail sur 2 hectares dans notre colonie algérienne.

Des calculs qui précèdent il résulte, en outre, que, dans tout domaine considérable, il suffit que le tiers environ du terrain soit planté en Caroubiers pour que le domaine entier puisse nourrir une tête de gros bétail par 2 hectares.

Seulement le revenu brut y sera diminué de la somme entière indiquée au tableau comme provenant de la vente, au marché, de tout le surplus de la récolte de Caroubes non consommés dans l'exploitation.

Nous avons étudié la culture pastorale du Caroubier et du Cactus appliquée seulement à la grande propriété, parce qu'il nous semble que, pour les débuts de l'opération et pour les premières expériences, la grande propriété individuelle ou collective est seule capable de supporter les premières dépenses nécessaires et d'en attendre longtemps les bons résultats, quelque magnifiques qu'ils soient; car il faut d'immenses espaces pour nourrir, au début, un mince troupeau et quelques travailleurs, et c'est le début qui est la grande, presque l'insurmontable difficulté. Et n'oublions pas que, selon nous, l'éducation du bétail par la culture pastorale et extensive est l'indispensable pivot, et le point de départ de la prospérité de l'Algérie qui vend déjà son bétail à Marseille et en Espagne.

Étudions maintenant le minimum d'étendue de terrains nécessaires pour établir une culture pastorale de Caroubiers dans des propriétés moyennes dépourvues d'irrigations.

Après 18 ans de plantations et de clôtures, 50 hectares suffiront à entretenir un petit troupeau de bêtes bovines, les chevaux nécessaires, et du Blé en assez grande quantité pour nourrir la famille, les ouvriers, et pour que le surplus puisse être vendu chaque année au marché, et apporte en recette une somme d'une certaine importance.

Il faut que, chaque année, le moyen cultivateur puisse vendre au moins 4 bœufs au marché; ce qui suppose un troupeau de 20 bœufs ou vaches, disons 20 à 25 têtes de gros bétail, à une tête par 2 hectares, plus 1 hectare de jardins potagers, 1 hectare pour bâtiments et chemins, 1 hectare pour clôtures et Figuiers; total, environ 50 hectares. Le strict minimum de propriété pastorale nous paraît donc être de 50 hectares environ, et remarquons que ces petites propriétés ne pourront guère s'établir d'elles-mêmes par leurs propres forces, mais devront résulter, après 15 ou 18 ans de travaux préliminaires, du morcellement de grandes propriétés, déjà partiellement mises en valeur d'après notre système.

En tous cas, nous pensons que l'administration doit se garder de favoriser, au début, la création de ces propriétés trop restreintes, où les colons sont presque infailliblement destinés à mourir de faim, et ne peuvent réussir qu'au prix d'héroïques efforts et de fatigues auxquels le plus grand nombre succombe.

Loin de nous la pensée de soutenir une controverse au sujet de la grande et de la petite propriété; l'une comme l'autre présente des avantages et des inconvénients.

Nous nous bornerons à dire qu'avec de grandes propriétés on pourra toujours arriver à former de petits domaines par la division d'une richesse créée; tandis qu'on ne peut jamais refaire, au besoin, de grandes propriétés sur un sol trop morcelé. Il est sage de s'affranchir de tout préjugé à cet égard et de ne s'attacher qu'aux réels avantages agricoles et économiques de la colonie dans son état actuel.

Un domaine de 1,400 hectares nous paraît, en France, constituer de la très-grande propriété; mais, pour l'Amérique du Nord, et surtout pour l'Australie et l'Amérique du Sud, où les domaines peuvent se mesurer par kilomètres ou par myriamètres carrés, une superficie de 1,400 hectares non irrigués et éloignés des centres de population est tout au plus considérée comme de la moyenne propriété. Aussi le courant de la colonisation se détourne-t-il de l'Algérie pour se diriger vers d'autres contrées plus généreuses et plus larges dans la répartition du sol, où l'on voit des gens qui font régulièrement fortune.

Ce qui presse le plus en Algérie, c'est la démonstration évidente qu'on y peut, avec certitude, faire une fortune agricole en un temps donné, en dehors des spéculations.

Quelques fortunes brillantes surgissant dans notre colonie feront plus pour sa prospérité et son avenir que toutes les combinaisons et remaniements politiques, administratifs et sociaux qu'on se plaît à imaginer.

En Algérie comme en France, au temps de Sully, la vraie richesse consiste dans le labourage et le pâturage; seulement, c'est du nombre des arbres que dépend, selon nous, le pâturage algérien.

A notre avis, avant de donner une approbation absolue au présent système, il faudrait commencer par essayer, à n'importe quel prix, de nourrir un troupeau de bœufs et de vaches pendant un an, suivant le régime que nous avons proposé, et qui consiste à donner chaque jour, à chaque animal, une demi-ration de 6 kilogrammes de Caroubes, ajoutés à une demi-ration complémentaire de deux bottes et demie de fourrages variés, remplacés, pendant quatre mois de printemps et d'automne, par le pâturage vert, toujours accompagné de la demi-ration de Caroubes. Si l'épreuve réussit et que la santé des animaux ne se trouve point altérée par ce régime, le succès du système proposé est assuré.

Si la qualité du sol y est favorable, un domaine semble tout préparé pour faire la première expérience de culture pastorale à l'aide de plantations de Caroubiers.

Nous voulons parler de la Trappe de Staouéli, dont l'étendue, lors de notre passage en Algérie, était, croyons-nous, de 1,200 hectares environ de terres non arrosées.

Nous ne savons quelle est la situation actuelle de cet intéressant établissement, qui nous paraît, mieux que tout autre, propre à une expérimentation en grand.

Quel serait le rôle du gouvernement pour favoriser le développement d'un tel système ?

Ce serait, en premier lieu, de fonder de nombreuses et vastes pépinières de Caroubiers, afin de fournir à bas prix les meilleures espèces de jeunes plants aux colons.

Que l'administration s'efforce ensuite d'établir directement ou d'encourager, dans chaque vallée et dans chaque pli de terrain favorable, la construction de barrages qui retiendraient le plus longtemps possible les eaux des montagnes et des pluies. Mais elle devrait ne pas laisser accaparer davantage les cours d'eau par de nouvelles créations de moulins. Un âne attelé à n'importe quel manége peut, à la rigueur, faire de la farine pour la consommation locale; les moulins de l'Algérie sont en France; c'est du Blé et non de la farine que l'Afrique doit exporter.

L'eau est la vie de l'Algérie, et l'eau manque presque partout; les rivières ne devraient-elles pas être exclusivement réservées aux besoins agricoles et non point consacrées aux usages industriels ?

Il n'est pas moins important de créer des forêts sur toutes les pentes non immédiatement propres au pâturage et à la culture de la Vigne; l'administration est la première à le reconnaître et prend certaines mesures utiles à cet égard.

Outre le Chêne-liége, le Cèdre et autres arbres indigènes ou importés, un arbre venu d'Australie réussit admirablement en Algérie, c'est l'Eucalyptus que l'administration cherche à y propager par des efforts bien entendus. Cet arbre précieux, à croissance fort rapide, fournit un bois très-dur, pousse presque dans tous les terrains, est un puissant fébrifuge, et l'âcreté de son parfum le fait respecter des animaux,

Le grand ennemi du reboisement et des forêts est l'Arabe pasteur qui allume, par malveillance et par négligence, de désastreux et fréquents incendies. Il faudrait pourtant lui apprendre, par une formule imitant ces adages aimés et cités dans tout l'Orient, que, si l'Océan est le père de la pluie, la forêt est la mère des fontaines, et que la fécondité du sol et les moissons résultent de l'union du soleil et de l'eau dans le sein de la terre.

Que serait aujourd'hui, ou plutôt quelle ne serait pas aujourd'hui la richesse de l'Algérie si l'irrigation y était bien entendue, et si depuis 40 ans chacun de nos 30 ou 40 mille soldats de l'armée d'occupation avait planté un Caroubier par an?

Les moissons et les pâturages pousseraient presque sans culture sous des ombrages modérés qui atténueraient l'ardeur des rayons du soleil sans en paralyser la puissance fécondante, et adouciraient le climat général du pays.

Les troupeaux y seraient innombrables et prospères. L'Algérie nous aurait peut-être déjà rapporté près d'un milliard, au lieu de nous en avoir déjà coûté deux, presque en pure perte.

APPENDICE.

NOTE SUR LE FIGUIER D'INDE OU DE BARBARIE

(*Ficus opuntia*).

Nous croyons, malgré les réserves et les remarques faites précédemment, qu'il est utile d'ajouter ici le résumé de la monographie du Figuier d'Inde, donnée dans le *Cours d'agriculture* de M. de Gasparin.

« Il y a quelques années (1839) (1), au retour d'un

---

(1) *Mémoires de la Société royale et centrale d'agriculture*, 1840, p. 313.

voyage de Sicile, nous exprimions, comme il suit, l'impression qu'avait produite sur nous la consommation étendue qui s'y fait de la Figue d'Inde (1). « La manne, la providence de la Sicile, c'est le Figuier d'Inde (*Cactus opuntia*). » Ceux qui n'ont pas vu l'abondance de sa production et l'usage presque exclusif qu'en font les habitants, de juillet à novembre, trouveront ces épithètes trop magnifiques; mais, quand on saura tout ce que cette île lui doit, on ne pourra qu'y applaudir. Il faut donc commencer par dire que les paysans s'y nourrissent entièrement de Figues d'Inde du moment où ce fruit vient à maturité et tant qu'il en reste sur la plante; ils en consomment de 24 à 30 par jour; presque tous ont un assez grand nombre de plants de Cactus pour pourvoir à leur subsistance, et, dans l'intérieur, les 24 ou 30 fruits ne coûtent qu'un sou de Naples; mais personne n'en achète, excepté les voyageurs : la table est mise partout et pour tout le monde; c'est presque un fruit mis en communauté. La Sicile s'engraisse pendant ces quatre mois; ce temps passé, le jeûne commence. A Catane, on a l'industrie de faire sécher les Figues d'Inde et d'en composer des masses compactes pour s'en nourrir en hiver. Ce fruit, conservé frais, se paye 2 fr. 50 le 100, et n'est plus d'un usage aussi général. L'espace manquerait aux habitants dans leurs chétives demeures, pour pouvoir en conserver la provision du reste de l'année.

« La Figue d'Inde est ici (en Sicile) ce qu'est la Banane dans les pays équinoxiaux, et l'arbre à pain dans les îles de l'océan Pacifique ; elle est partout, mais ne donne de produits en argent que dans les environs des villes. Là elle peut procurer une rente assez élevée. Un terrain de 1 hectare et demi, planté de Cactus, près de Palerme, était affermé, cette année, 360 fr. Les Figuiers d'Inde viennent dans tous les terrains; les creux des laves et des rochers, les limons, les

---

(1) De Gasparin.

calcaires en portent également; ils ne redoutent que les terrains constamment humides. Leur présence annonce de loin les villages et les moindres habitations.

« Si le Figuier d'Inde portait des fruits toute l'année, ou que les cases des paysans fussent assez grandes pour y conserver leur provision d'hiver, et si, d'ailleurs, ils possédaient le petit coin de terre nécessaire pour en tirer cette subsistance, cette affreuse misère (misère dont nous donnons la description) n'existerait pas; mais aussi nous croyons que, n'ayant plus ce besoin pressant à satisfaire, tout travail cesserait dans l'île. Une nourriture facile, un climat qui réchauffe à son beau soleil, les délivrent du travail qui nous est imposé depuis le péché originel; mais les pays qui jouissent de ce privilége sont rares, et en Sicile il n'est que partiel. De novembre en juillet il faut revenir au pain et aux Fèves pour se sustenter, et ces aliments demandent du travail, etc. (1). »

L'excellent M. de Gasparin s'effraye de l'abondance de cette production spontanée, et redoute de voir l'homme se dérober aux conséquences du péché originel. On nous permettra de ne pas partager cette préoccupation. Le travail est la dure loi de l'humanité, ne craignons pas de chercher à l'adoucir; il restera toujours assez d'ouvrage à faire dans le monde; que chacun contribue de la main ou de l'intelligence à diminuer la somme de fatigues et d'efforts imposés aux travailleurs et à augmenter le bien-être du prochain, le monde n'en ira que mieux. La race humaine ne court aucun risque de rester oisive; à ceux qui craignent de diminuer les exigences du travail, sous prétexte que l'oisiveté est la mère de tous les vices, nous répondrons que la misère et la faim, elles aussi, ont engendré bien des vices et bien des forfaits.

Du reste, M. de Gasparin lui-même ne demande pas la

---

(1) De Gasparin, *Cours d'agriculture*, t. IV, p. 531, 533.

suppression du Cactus, mais seulement la réduction raisonnée de sa culture.

Les passages que nous venons de transcrire contiennent presque tout ce que l'on pouvait dire sur les résultats de la culture du Cactus. En Afrique, en Corse, en Égypte, en Asie, il ne tient pas une aussi grande place dans l'alimentation que celle qu'on lui voit occuper en Sicile; il n'en est plus qu'un accessoire, et nous ne désirons pas qu'il prenne plus d'extension. L'usage, presque général, de la Figue d'Inde dans ce dernier pays, en réduisant la culture de la Fève et du pain qui étaient autrefois la base du régime, en diminuant celle du Figuier commun qui vaut mieux comme nourriture, mais qui exige plus de soin et occupe plus de place, en faisant presque disparaître le Caroubier, n'a pas été favorable à la condition humaine. Quand on offre aux nations ces nourritures abondantes, faciles à obtenir sur un petit espace de terrain, qui se font sans avance de capitaux, elles s'y attachent avec empressement et adoptent, sans hésiter, un régime moins substantiel. C'est l'effet qu'a produit, ailleurs, l'introduction de la Pomme de terre, devant laquelle aussi se sont retirées les cultures des légumineuses qui donnaient une meilleure nourriture. Ces considérations ne nous conduiront pas plus à proscrire la culture du Cactus que celle de la Pomme de terre; nous voudrions seulement les ramener dans des proportions où leur usage fût salutaire et avantageux à l'ensemble des intérêts des pays où elles peuvent être établies (1).

Quant aux détails techniques sur les produits et la culture du Cactus opuntia, que tous les Algériens connaissent, voici ce qu'en dit le *Cours d'agriculture* :

« Le Cactus résiste bien aux petites gelées, et on le voit prolonger plusieurs années son existence, ainsi que l'Oran-

---

(1) De Gasparin, *Cours d'agriculture*, p. 535 et suiv., t. IV.

ger, dans de la zone où la congélation de l'eau se manifeste tous les hivers; mais une saison un peu rigoureuse le fait disparaître en le forçant à rentrer dans ses limites.

« Le fruit du Cactus contient de l'albumine, du mucilage et du sucre cristallisable ; son goût est légèrement sucré et plutôt insipide. On le mange en le dépouillant de son écorce couverte de pinceaux de poils piquants, qui pénètrent et se fixent dans la chair, si l'on n'opère pas avec précaution. On avale la Figue, ainsi décortiquée, en une bouchée, et sans chercher à débarrasser la pulpe des graines qu'elle contient. On dit que son usage communique aux urines une couleur rougeâtre qui est sans inconvénient ; on le regarde même comme salutaire dans les maladies des voies urinaires.

« On trouve, en Sicile, plusieurs variétés très-remarquables de ce fruit. La variété noble est celle que l'on doit cultiver de préférence ; elle le mérite par le volume et la finesse de sa chair. Les variétés sauvages sont beaucoup plus petites et moins savoureuses.

« Pour faire une plantation de Cactus, il suffit d'enfoncer une raquette de 0^m,05 à 0^m,06 dans la terre ameublie. On voit même partout des raquettes tombées à plat s'enraciner et produire un nouveau végétal. On accélérera la production en plantant du vieux bois portant quelques raquettes. On place les Cactiers à la distance de 1^m,50 à 2 mètres les uns des autres. Chaque année, on retranche les branches qui intercepteraient le passage, ainsi que les raquettes inférieures, que l'on donne à manger aux bestiaux après les avoir coupées en tranches. On leur donne aussi les fruits de qualité inférieure, qui les engraissent rapidement.

« Outre leurs usages comestibles, les Cactiers plantés l'un près de l'autre forment d'excellentes haies de clôture. Nous ne parlons pas ici du Cactier nopal (*Cactus coccinillifera*). Il se multiplie de la même manière que l'Opuntia, mais son emploi est particulièrement de nourrir les Cochenilles, et l'éducation de ces insectes est du ressort de la zootechnie (1). »

Sinon comme clôture, du moins comme emploi des plus mauvaises terres, le Figuier d'Inde offre donc d'inappréciables ressources pour l'alimentation supplémentaire des animaux.

Devant la pénurie générale du bétail et en raison de la consommation comme de la cherté de la viande, qui ne cesseront pas de s'accroître, la publication de ce Mémoire déjà ancien pourra présenter quelque intérêt, surtout en ce moment où l'Algérie s'efforce d'offrir une nouvelle patrie à nos malheureux compatriotes de l'Alsace et de la Lorraine.

---

(1) De Gasparin, *Cours d'agriculture*, t. IV, p. 534, 535.

EXTRAIT DES MÉMOIRES DE LA SOCIÉTÉ CENTRALE D'AGRICULTURE
DE FRANCE. — ANNÉE 1872.

PARIS. — IMP. DE Mme Ve BOUCHARD-HUZARD, RUE DE L'ÉPERON, 5.